献给弗雷泽，我最喜欢的建筑师
——伊莎贝尔·奥特

献给祖拉
——哈里·伍德盖特

图书在版编目（CIP）数据

如何建造一座城市 / (英) 伊莎贝尔·奥特著；
(英) 哈里·伍德盖特绘；陈曦译. -- 成都：成都时代
出版社，2023.3（2023.12重印）
ISBN 978-7-5464-3101-7

Ⅰ.①如… Ⅱ.①伊…②哈…③陈… Ⅲ.①城市建
设—儿童读物 Ⅳ.①TU984-49

中国版本图书馆CIP数据核字(2022)第120321号

著作权合同登记号：图进字21-2022-219

如何建造一座城市
RUHE JIANZAO YI ZUO CHENGSHI

作　者：[英]伊莎贝尔·奥特
绘　者：[英]哈里·伍德盖特
译　者：陈曦
出品人：达海
选题策划：北京浪花朵朵文化传播有限公司
出版统筹：吴兴元　　　　　　编辑统筹：彭鹏
责任编辑：周慧　　　　　　　责任校对：张旭
责任印制：黄鑫 陈淑雨　　　特约编辑：李敏 黄逸凡
营销推广：ONEBOOK　　　　装帧设计：墨白空间·杨阳
出版发行：成都时代出版社
电　话：（028）86742352（编辑部）
　　　　　（028）86615250（发行部）
印　刷：天津联城印刷有限公司
规　格：233mm×215mm
印　张：2
字　数：25千字
版　次：2023年3月第1版
印　次：2023年12月第3次印刷
书　号：ISBN 978-7-5464-3101-7
定　价：48.00元

官方微博：@浪花朵朵童书　　　读者服务：reader@hinabook.com 188-1142-1266
投稿服务：onebook@hinabook.com 133-6637-2326　　直销服务：buy@hinabok.com 133-6657-3072

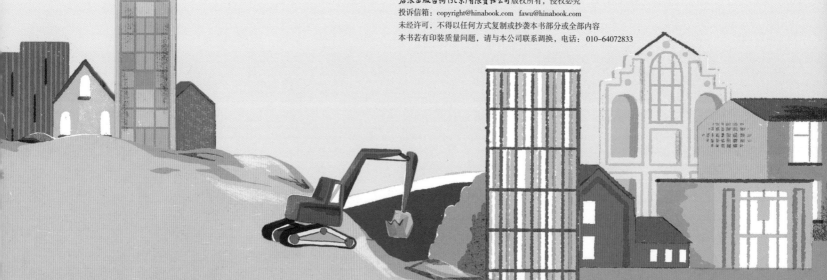

如何建造一座城市

浪花朵朵

[英] 伊莎贝尔·奥特 著　[英] 哈里·伍德盖特 绘　陈曦 译

成都时代出版社
CHENGDU TIMES PRESS

简　介

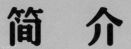

如果你可以随心所欲地选择居住的地方，你会选择哪里？是高高的山峰上、奔腾的河流旁，
还是森林的深处？你会将房屋建在炎热的草原上，还是冰冷的荒野上？

人类起初并不生活在固定的地方，而是不断迁徙，以便寻找食物。

当人类发现可以自己种植农作物后，他们便不再需要迁徙。
许多人开始选择定居生活。

随着时间的推移，来到某个地方定居的人越来越多，这里的房屋和农场也渐渐扩大，就发展成了一个较大的定居点。

如果这些定居点建设得不错，它们将吸引更多的人来居住，最终成为城市。

在过去，各个定居点都是一点一点慢慢演变为城市的。
现在，随着世界人口的增加，人们需要越来越多的现代城市。

人们喜欢住在城市的原因有很多：家门口就有商店，
美术馆和电影院也都在附近，而且还有各式各样的工作可以选择。

在这本书中，我们将告诉你如何建造一座属于自己的城市。
现在，请穿上你的反光工程服，戴上坚硬的安全帽，准备开始建造城市吧！

第一步：选址

请先考虑一下，你想将城市建在哪里？
探索下面这块土地，去发掘一下在这里建造城市有什么优势吧！

大海

与其他国家进行贸易往来是很重要的——你使用的东西中很可能有些是来自其他国家的，而90%以上的进出口货物都是通过货船运输的，因此将城市建在海边是个好主意。

趣味知识

人们时不时就能在英国康沃尔海滩捡到乐高碎片。在1997年，有一艘运载乐高玩具的船被巨浪掀翻，船上装着数吨乐高积木的集装箱都散落进了海中。

清洁的水源

你需要找到一个可以获得清洁水源的地方。因为没有水，人类根本无法生存。我们要喝水、洗澡，还需要用水冲走臭烘烘的污物。

丘陵

　　在过去，人们会选择在山坡上建造城市，因为这样更便于抵御外来入侵者。

平地

　　你可以把城市建在斜坡上，但在一片平坦的土地上建造城市显然会更容易。记得为城市扩张留出足够的空间——谁知道你的城市会吸引来多少人呢？

第二步：能源供应

现在你已经找到了一个好地方，接下来需要考虑的是能源问题。
没有电，你的城市就不会有任何光亮，你的电视和电脑也都打不开。

生态友好型能源

很多城市仍然依赖使用化石燃料（煤、石油、天然气）的发电站，但化石燃料燃烧时会造成环境污染。所以你最好大力开发对环境不会造成污染的"绿色能源"，如潮汐发电、风力发电、光伏发电等。

潮汐发电

潮汐发电机的工作原理类似于风力发电机，只不过使它转动的是潮水，而不是风。潮汐是最可靠的绿色能源，因为潮汐是在月球和太阳引力作用下形成的海水周期性涨落现象，它不受天气影响，所以潮汐发电相对稳定。

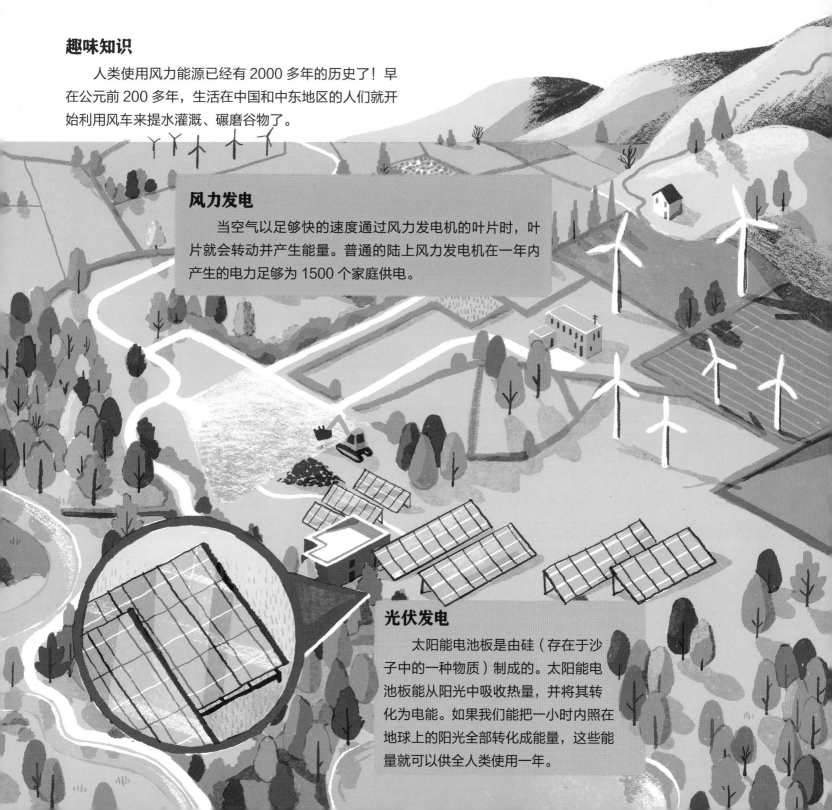

趣味知识

人类使用风力能源已经有 2000 多年的历史了！早在公元前 200 多年，生活在中国和中东地区的人们就开始利用风车来提水灌溉、碾磨谷物了。

风力发电

当空气以足够快的速度通过风力发电机的叶片时，叶片就会转动并产生能量。普通的陆上风力发电机在一年内产生的电力足够为 1500 个家庭供电。

光伏发电

太阳能电池板是由硅（存在于沙子中的一种物质）制成的。太阳能电池板能从阳光中吸收热量，并将其转化为电能。如果我们能把一小时内照在地球上的阳光全部转化成能量，这些能量就可以供全人类使用一年。

机 器

翻斗车
这类车常用于搬运沙子或碎石等细碎的材料。世界上最大的翻斗车有两辆公共汽车那么长，比一架大飞机还重。

起重机
曾经，由海洋起重机吊起的最重物体是一艘驳船，重达 2 万多吨！

挖掘机
挖掘机是依靠履带行驶的，而不是普通的车轮，因此它们几乎可以在各种路面上工作。

建 造
你已经选了一个好地方，也找到了给城市供应能源的方法。现在，是时候让建筑工人们登场了！

盾构机
这种机器被称为"钢铁穿山甲"。它们不仅非常重，而且威力大——能够击碎岩石，打通地下隧道。

趣味知识
1846 年人们造出了第一台盾构机。在此之前，隧道是由工人们用锋利的镐挖出来的，或是用雷管在岩石或泥土中炸出来的。

推土机

这种机器可以用扁平的金属铲刀推走大堆的材料。

材 料

木头

木头是一种古老的建筑材料，它比用化石燃料煅烧生产出来的钢和水泥更环保。

金属

金属坚固，禁得住风吹雨打。它们被广泛使用，比如制造管道或用来支撑高楼大厦。

砖块

由黏土制成的砖块已经被使用了数千年。如今，它仍然是最受欢迎的建筑材料之一。

许多砖头上都有一个凹槽，现在使用的许多砖头都是空心的。空心砖头比实心砖头更轻，也更保暖和隔音。

建造行业的人

建筑师负责设计建筑。

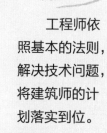

工程师依照基本的法则，解决技术问题，将建筑师的计划落实到位。

建筑工人将建筑物一砖一瓦地建造起来。

在城市建设过程中，城市规划师负责布置城市体系，统一规划、合理利用城市土地，部署城市经济、文化、基础设施等各项建设。

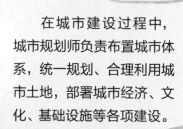

第三步：地下建设

现在你已经召集了建造团队，也准备好了各种机器和材料，
是时候开始挖掘了！我们能在地下建设很多有用的工程……

排水系统

城市的排水系统能帮助排出污水和雨水。如果没有排水系统，城市可能会被水淹没。但是，经常有人不小心把东西从排水沟盖板的缝隙中掉进排水沟里，包括戒指和假牙！

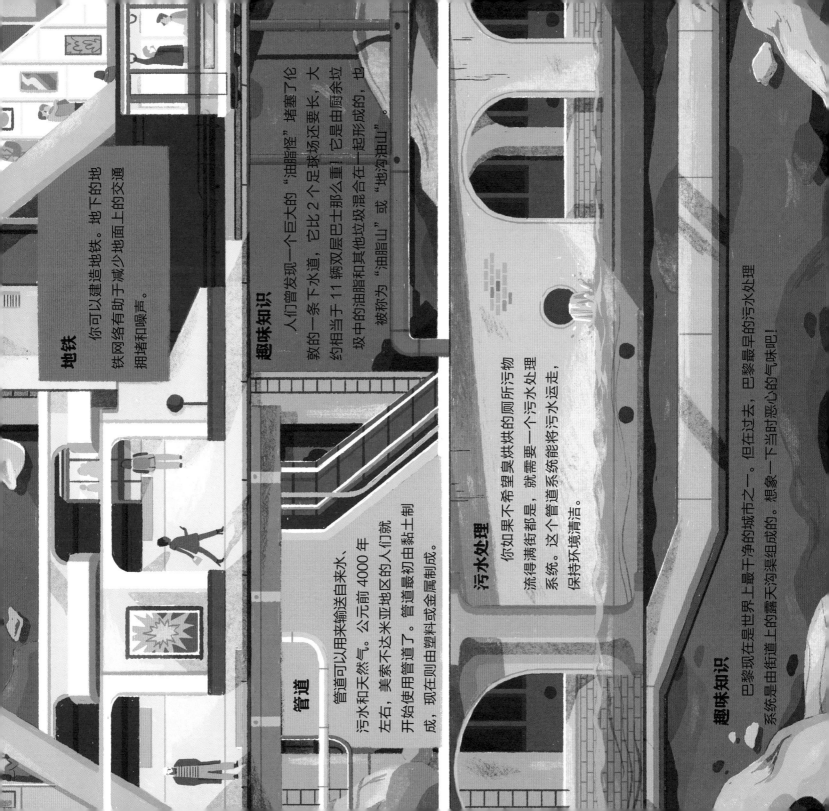

地铁

你可以建造地铁。地下的地铁网络有助于减少地面上的交通拥堵和噪声。

趣味知识

人们曾发现一个巨大的"油脂怪"堵塞了伦敦的一条下水道，它比2个足球场还要长，大约相当于11辆双层巴士那么重！它是由厨余垃圾中的油脂和其他垃圾混合在一起形成的，也被称为"油脂山"或"地沟油山"。

管道

管道可以用来输送自来水、污水和天然气。公元前4000年左右，美索不达米亚地区的人们就开始使用管道了。管道最初由黏土制成，现在则由塑料或金属制成。

污水处理

你如果不希望臭烘烘的厕所污物流得满街都是，就需要一个污水处理系统。这个管道系统能将污水运走，保持环境清洁。

趣味知识

巴黎现在是世界上最干净的城市之一。但在过去，巴黎最早的污水处理系统是由街道上的露天沟渠组成的。想象一下当时恶心的气味吧！

第四步: 住宅

现在你可以开始建造地面上的建筑了。让我们从住房开始吧！
城市要有许多类型的房屋来适应不同人群的需要。

趣味知识

世界上有很多有创意的房子，比如在东京的一栋房子里，人们竟然用滑梯代替了大部分的楼梯！

船屋

一些喜欢临水而居的人可能会选择住在船上。伦敦大约有4000个船屋，比世界上其他任何城市都多。

目前世界上最高的摩天大楼在迪拜，它一共有162层。

住宅

世界上有各种形状和大小不同的房屋，从豪气的别墅到狭小的平房。城市中最常见的是住宅楼。这种住宅楼大多建成一排，三层以上，户与户之间有共用的墙面。

趣味知识

波兰的"克雷特"住宅楼（Keret House）是世界上现存最窄的房子。它最宽处只有一米多宽，分上下两层，房子底部由金属管支撑起来。

公寓

公寓是特别有效利用空间的住宅形式，因为它们让较小的街道空间容纳了更多的住户。

第五步：城市服务

确保城市居民安全、快乐地生活是很重要的，
那么，你还需要在城市里增设哪些公共服务项目或设施呢？

垃圾回收

如果你不想让成堆的垃圾堵塞街道，
那么就必须把它们收集起来运走。垃圾
回收可以避免垃圾被直接填埋进地下。
可以设置路边垃圾桶来回收垃圾，也可
以用地下管道将垃圾吸走。

紧急服务

当有事故发生时，市民需要
打电话寻求帮助，比如联系消防
队、警察和救护人员。

趣味知识

韩国采用了对居民扔掉的食物收取费用这种措施来减少食物浪费。

法庭

如果你的城市里出现了犯罪嫌疑人，那么就需要把他们送到法院进行审判。法庭上还会有法官、律师和证人等。

趣味知识

世界上最受欢迎的运动之一是足球，你最喜欢什么运动呢？

体育运动

很多人都喜欢运动，世界上有很多不同的运动可供人们选择，你可以在城市里修建一个体育活动中心，供居民锻炼身体。

各行各业的人们

对一座城市来说，规划合理、独具魅力、服务便捷是很重要的，但真正赋予城市生命力的是人！

消防员

消防员不仅要应对火灾险情，在发生洪水、化学品泄漏或有其他救援任务的时候，他们也要挺身而出。

世界上第一根消防滑杆是在 1878 年发明的。在此之前，消防员出警时只能从螺旋楼梯跑下来，这样会浪费宝贵的时间。

邮政工作者

仅在英国，每年就有大约 120 亿封信件和包裹被发出、接收，每一件都是由邮递员亲手递送的！

邮政

商店工作人员

城市里的商店需要有人来经营和维护，从填满货架、布置橱窗陈列到扫描商品条形码。世界上第一家百货商店，普遍被认为是 1852 年在法国开业的乐蓬马歇。

5 折

教师

在你的城市里，孩子需要接受教育，而好的老师可以激励他们发挥潜力、追寻梦想。

学校里开设了不同的科目，例如语文、数学、科学等，促进学生全面发展。

医务人员

当有人突然受伤或发病时，急救人员会首先到达现场实施抢救，然后再将病人转移给医生和护士继续进行治疗。

市长

市长是一个城市行政机关的首脑，职责是主持市政府的工作。市长这个名称在全世界各个地方依据当地的法律有不同职责和权力，也因此而有不同意义。在一些国家，市长必须佩戴代表其职务的"公署之链（The Chain of Office）"。

市 长

第六步：交通

人们在城市里生活，需要去不同的地方，有时候还要出城去其他地方。
所以，城市需要提供多种出行方式供人们选择。

港口

港口是游轮和渡轮停靠、接送乘客的地方。同时，它也是重要的贸易场所，集装箱船会在这里卸下货物。

无车区

有些城市里的街道会设置成无车区，禁止汽车通行。意大利威尼斯的老城区从来不允许汽车进入，人们通过步行、骑自行车，或在运河上乘船出行。

机场

你的城市还需要建一个机场，这样居民就能乘坐飞机出行了。机场最好建在距离市区较远的地方，因为飞机起降时发出的噪声很大，而且机场要占用很大的空间——飞机跑道的平均长度就接近2千米了！

趣味知识

世界上第一台有轨车辆于1807年开始运行，由马匹牵引。人们设计有轨车辆是为了使旅行更加顺畅。比起在崎岖不平的道路上行驶，在铁轨上行驶的车厢能让乘客觉得更加舒适。

有轨电车

有轨电车在轨道上运行，就像火车一样，但它们是由电力驱动的，所以对环境更加友好。

自行车

骑自行车是一种很好的出行方式，不仅能锻炼身体，而且绿色环保。

铁路

铁路可以将你的城市与其他城镇连接起来。

同时，也能让这里的居民生活得更开心。

博物馆、画廊

博物馆和画廊可以举办展览，帮助人们更多地了解世界文明。

图书馆

居民可以在图书馆里借阅图书，所以修建图书馆是很重要的。

体育馆

　　在体育馆里，人们可以坐在一起欣赏自己喜爱的运动员的比赛或乐队的演出。朝鲜的"五一体育场"可以容纳约 15 万人！

电影院

　　在 1895 年的巴黎，人们第一次公开放映电影。从此以后，电影就一直是大众文化的一个重要组成部分。2019 年，中国观影人次约 17.3 亿人。现在人们看电影时总会带上一桶爆米花，但在早期，电影院里是不允许吃零食的。

趣味知识

　　艺术并非只能在室内展览。巴塞罗那的奎尔公园就是一个户外艺术空间，有露天剧场和长廊，长椅和墙壁上都拼贴着美丽的马赛克图案。

第八步：城市绿化

公园和花园是城市里比较安静的空间，可以让人们远离喧嚣。
树木等植物可以吸收二氧化碳，所以在你的城市中多种些绿色植物吧！

趣味知识

世界上最大的屋顶花园在韩国，它约 3.6 千米长，由 15 栋楼的屋顶搭桥连通，里面有超过 100 万株植物。

绿色建筑

绿色建筑是使用生态友好型的材料和方式建造的。有些绿色建筑的屋顶和墙壁上也生长着植物，这些植物能吸收二氧化碳，有助于防治空气污染。

城市污染占世界总污染的四分之三，城市里的居民应该在应对气候变化的行动中起到带头作用。

城市农场

城市农场是在有限的城市空间中开发的种植空间。

城市田园

有些土地会被保留下来，并划分为单独的地块，用来租给人们种植水果、蔬菜或花卉。

公园

公园是能让人们亲近自然的公共场所。有些公园只有小片草地，有些则有占地数平方千米的林地、湖泊和草坪。无论是在公园里运动、野餐还是散步，人们都能享受到暂时远离城市喧嚣的惬意。

完成建造

恭喜你！你的城市已经完成建造，准备好迎接新居民了！你会给这座城市起什么名字呢？
世界上超过一半的人口已经是城市居民，而在未来 30 年内，城市人口可能将再增加 25 亿。
在未来，我们需要建设更多的城市，保证每个人都能安居乐业。

在未来，我们会使用喷气式飞行器在城市中飞行吗？
这些城市会漂浮在海上，或是建在月球上吗？
谁知道呢……也许有一天，你会成为一座未来城市的设计师！